把花種漂亮的
栽培密技 全圖解

《把花種漂亮的超 EASY 完全圖鑑》暢銷新裝版

陳坤燦◎著

U0079290

| 自序 |

　　仔細算一算，從打工時期一直到現在，我大概有近四十年的時間，都花在和植物的相處上，是我對植物特別喜愛嗎？這是其中的原因之一，但真要認真回想起來，似乎和我不愛唸書的個性有著絕對的關係吧。

「大自然」和「園藝書」，放牛班學生的兩個最愛

　　在我的成長過程中，如果說有什麼是不曾改變過的，那就是我對書和對大自然的愛，當然，這裡指的「書」，自然不是指教科書，而是課外書籍，尤其是和植物有關的書。

　　國中的時候讀的是放牛班，不但不愛唸書，作業也都是抄同學的，每天放學以後就在住家附近的河堤邊玩，玩累了回家倒頭就睡，在那個以升學為主的年代裡，我是老師眼中不折不扣的皮小孩。

　　或許是年紀還小吧，從來沒有想過自己未來想做些什麼？也沒有想過自己的興趣究竟是什麼？國中畢業後，在補習班補了半年，考上了松山工農園藝系，至於為什麼會選擇園藝呢？理由很簡單，因為學費便宜，再加上我喜歡自然，園藝系就成了我的最佳選擇。

　　沒想到這一個選擇也給我的人生，選擇出一條最明確的道路。

　　在就讀松山工農的三年裡，我不但認識了與我志同道合的妻子，同時也為我在植物的領域裡，扎下了很深的根。

想想，不管是賣花、切花、盆花、庭園造景什麼的，我幾乎都碰過，也都有相當深入的了解，這些寶貴經驗的累積，都成為我日後工作的根基，而透過每一個環節的充分參與，也在在都再加深我對植物的了解，對我來說，「參與」無疑是最好的學習與成長。

只要有人願意聽，我就樂意分享

進了綠化基金會以後，教學、推廣和訓練就成了我最主要的業務。

因為之前在花市累積下來的經驗，我習慣站在消費者的立場來看事情，同時，我也清楚的知道，想要把花推廣到生活裡的每個角落，就必須先克服消費者對花的陌生與誤解，而教學是最直接的方法，在彼此互動的過程中，將經驗與正確的觀念，以最簡單直接的方式，傳達給更多人，讓大家都能夠培養出栽種美麗盆花的信心。

然而，推廣教學並不是件容易的工作，記得剛開始在社區做推廣教學的時候，有時一個班只有兩個人，有時卻有一、兩百個人那麼多，年齡層也分布得十分廣，從幼稚園到歐吉桑、歐巴桑都有，面對不同的年齡，表達的方式就不同，尤其是在替大家解決問題的時候，更是挑戰性十足。但對我來說，只要有人願意聽，我就樂意分享，不論年齡、不論背景，只希望藉由上課的互動，讓大家都能夠學習到正確照顧植物的方法，去除大家對照顧植物的陌生與誤解。

於是，綠化基金會與台北市政府公園處合作，在士林官邸成立了「生活園藝教室」，由我擔任計畫主辦人。並擔任台北市政府公務人員訓練中心環境綠美化專題課程講師、台北市建設局、民政局、公園處等局處及各區公所綠美化課程講師、「台北市綠化聯盟」課程講師、板橋社區大學「生活園藝課程」講師，希望藉由開辦這樣的課程，能夠讓綠化的概念，深植在每一個人的心中。

給它需要的，是照顧植物的不二法門

　　和植物一起生活了這麼多年，我不但自己喜歡種些花花草草，工作也離不開植物，常會有人問我，植物真的很難種嗎？其實真的並不難，只要你能把握以下幾個原則，我相信想要種出一盆自己喜歡的植物應該不是一件難事──

第一，不亂澆水。我遇到最多的問題就是澆水，很多人會以為只要不斷的給植物水分，就不會讓植物枯死，卻沒想過，過度給水，一樣會造成植物的根部腐爛。

第二，不放錯位置。明明是室內的植物，卻搬到室外去曬太陽；極需日照的植物，卻只給它室內的光線，這樣當然也是注定失敗。

　　如果做到以上這兩點，然後再多吸收一點植物方面的相關知識，比如說，哪些植物是一年生的，哪些植物才是多年生的；哪些植物適合哪種天氣和溫度，如果弄清楚這些，相信一定會降低失敗率的。

用對方法，你家就是花園

　　或許是時代的趨勢吧，很明顯的自然意識在抬頭，不管是從人文角度或是學術角度來介紹大自然的書籍愈來愈多，相關的課程也陸陸續續在開辦，參與的人也有快速增加的趨勢，這對我們來說，確實是個值得高興的事情，這也表示，有愈來愈多人在關注我們的環境，為綠化盡心力。

Part 1

小盆花換心情

Pot Flower Planting Guide

改變心情，誰說一定要花大錢呢，

到花市為自己挑選幾盆賞心悅月的盆栽，

配上美美的容器，

輕輕鬆鬆就為居家增添了清新、

優雅又浪漫的氣氛。

不論是客廳、餐桌或是家中的小角落，

只要一盆小花，就能帶來煥然一新的視覺享受。

客廳裡的浪漫盆花

── 用自然打造浪漫氣息 ──

客廳裡的裝潢可以華麗，也可以簡樸；
風格可以是歐式、日式或中式，
當擺設妥當，
生冷的家具卻讓空間失去了柔軟的氣息，
放一盆花吧，
不管是在小茶几上、沙發前的桌子上，
花開的那一剎那，
溫暖將同時進駐你的客廳。

　偌大的客廳，常讓人覺得少了些什麼，這時可以將陽台栽種的盆花，拿進室內觀賞增添自然浪漫的氣息，或者是直接栽種適合擺放在室內的花卉，像非洲菫、火鶴花等都是不錯的選擇。

　要記得，大部分的花卉都需要足夠的日照，所以擺放在室內的時間最好不要超過一週。建議你可以用輪替的方式在室內放置不同的花卉欣賞。

餐桌上的幸福盆花

—— 享受另一種幸福佐料 ——

餐桌上除了美味的佳餚，
最好還有團聚的氣味，
一盆色彩柔和、花形優美的盆花，
輕輕的從你的眼，
伴著口中的色香味俱全的菜，
緩緩的滑入你的胃，
幸福的滋味瞬間升起，
填滿每個人的心。

　　有人說火鶴代表熱情與幸福、鬱金香象徵愛情與浪漫，你
想要擁有什麼樣的用餐心情呢？這本書裡我們介紹了二十五種
盆花，不論在花形、花色上都非常具有特色，只要挑選合適的
盆器，配合家中的裝潢風格為何，都可以讓花色的繽紛成為家
人相聚時的另一種幸福佐料。

　　其實，用很簡單的方法，就能在家享受自然的芬芳，到花
市挑選一盆當季的小盆花，打造一個屬於你的祕密花園吧！

Part 2
栽種步驟大圖解
Pot Flower Planting Guide

從花市興高采烈的買了幾盆美麗的盆花回家，

有的，花很快就謝了；

有的，很快的乾枯了，

即使沒有凋謝，

卻也不如在花市時那麼美豔動人，為什麼呢？

花的美，是要細心的人才留得住的，

依著書裡的步驟，耐心的做著，

美就不會在一瞬間消失。

室內盆花之后

非洲堇

特徵

◎ 非洲堇原產於東非的森林內，所以有耐陰的特性。因為原生品種的花色大多是藍紫色，外形又神似堇菜，所以稱為「非洲堇」。

◎ 栽種過非洲堇的人，應該都會被它獨特的魅力吸引，尤其是毛絨絨又肥厚的葉片，因為品種不同，有波浪狀、心形、湯匙形等表現。小巧的花朵在花形和花色上更是多變，有重瓣、半重瓣、單瓣、皺瓣等花形，還有鑲邊、漸層等花色變化，讓人一種就愛不釋手。

◎ 非洲堇容易開花，植株又小巧，生長強健，喜好的環境剛好與室內相同，僅靠燈光就可以生長開花，對許多忙碌的現代人來說，它是很適合栽種在室內的開花植物。

DATA

英　名	African Violet
學　名	*Saintpaulia* SP.
分　類	多年生草本
科　名	苦苣苔科
原產地	東非坦尚尼亞
花　期	全年不定期開花

綠手指小百科

- ☼ **日照**｜喜好半日照環境，避免陽光直射。擺在室內明亮窗邊，或陰暗處接受8～10小時的燈光照射就足以開花。
- ◗ **水分**｜稍具有耐旱性，可以等培養土微乾時，再一次澆透。
- ✿ **施肥**｜2～3週施用一次液體生長肥料。每季施用一次長效性肥料。
- ⚘ **繁殖**｜利用葉片做葉片扦插繁殖，有長側芽的植株也可以用分株繁殖。

DATA
英　名：Anthurium、Flaming Flower
學　名：*Anthurium* hybr.
分　類：多年生草本盆花
科　名：天南星科
原產地：南美洲
花　期：全年開花

熱情如火的室內植物

火鶴花

特徵

⊙ 原產南美洲熱帶雨林的火鶴花，因為有著火紅的愛心形苞片，所以有「熱情」與「幸福」的涵意，是熱帶地區的代表花卉之一。有迷你和盆花品種，迷你種的花就像湯匙般大小，而盆花種則是市面上常見的形貌。

⊙ 火鶴花葉片翠綠有光澤，縱使沒開花也具資格當作觀葉植物。而它最明顯的特徵是在苞片，有各種不同深淺的紅色，形態有心形、箭形、匙形等，且具有蠟質光澤，每支花的觀賞壽命有三週以上。大部分的人都將心形苞片當成花，真正的花是長在中間那根像玉米穗上面的小點，在植物學上這個部分稱為「肉穗花序」，而苞片稱為「佛燄苞」。

⊙ 耐陰很強，在沒有光線直射的地方也能開花。生長強健，對病蟲害抵抗力強，但是生長緩慢，一年長不到幾片葉子。

綠手指小百科

☼｜日照｜室內燈光照射10小時以上即可正常生長，能放在窗邊接受散射光線，會更容易開花。陽光直曬葉片會變黃，嚴重會導致葉片乾枯。

💧｜水分｜培養土積水會造成根部腐爛，避免採用底盤盛水的澆水方式。喜好潮濕環境，經常在葉片上噴水可以促進生長。

🐛｜施肥｜生長緩慢，多施肥也不太有促進的效果，所以只要一季施用一次長效肥即可。

🌱｜繁殖｜可採用分株繁殖。

🌿 年節最具喜氣的觀果植物

萬兩

特徵

◉ 萬兩也叫硃砂根,是傳統中藥之一。因為鮮紅欲滴的果實與吉祥的名稱,使它成為農曆年前搶手盆栽之一。依品種不同,果實有喜氣的大紅、亮麗的洋紅與少見的黃白色等三種顏色的果實,果實觀賞期可長達半年以上。

◉ 屬於低矮的常綠灌木,有一枝粗壯的主幹,在靠近主幹頂端才有分枝。葉片是帶有光澤感的濃綠色,葉緣有波浪狀鋸齒。夏季在側枝末端開花,經過昆蟲授粉後結果,果實初熟帶點白綠色,隨之成熟後會愈來愈紅,也越具有年節氣氛。

DATA

英　名:Coral Berry
學　名:*Ardisia crenata*
別　名:硃砂根、鐵雨傘
分　類:常綠灌木
科　名:紫金牛科
原產地:中國、日本

綠手指小百科

☼ | 日照 | 耐陰性極強,室內窗邊、光線昏暗的陽台或戶外樹蔭下都適合栽培,光線太強葉片反而會曬傷,變成焦黃色。

💧 | 水分 | 喜好溫暖濕潤環境,若土壤久旱,葉片會失去光澤,嚴重甚至會枯萎。

🐝 | 施肥 | 只要一季施加一次長效肥料即可。

✂ | 修剪 | 不用刻意修剪。若植株已生長數年,有老化現象,可以強剪至僅剩10~20公分,迫使它萌生新枝以更新植株。

🌱 | 繁殖 | 播種繁殖,但生長緩慢,萌芽要1~3個月,播種到開花大約要3年,需要耐心等待,扦插不易發根。

1 買盆栽

葉片完整、分布均整

到花市挑選植株健康、葉片完好，還有果實多的盆栽。

2 套盆

搭配比例相當的盆器

因為萬兩植株高大，而且視覺重心在上方，所以放置室內觀賞時，可挑選較穩重的陶製盆器搭配平衡。

3 澆水

避免澆淋到果實

澆水時，盆土部分可用長嘴型澆花器單獨澆淋盆土。如果室內常開暖氣，葉片要經常用噴水器噴霧保溼。

4 施肥

一季一次

買回來後，若土壤表面已有顆粒肥，則可等1～2個月後再行施肥，原則上一季一次（使用比例參見P.29 **注2** ）。

5 收集種子

果實成熟後可以收集起來，洗去果肉，栽種種子盆栽。

選購盆栽大訣竅

○ 挑選果實多的植株

✕ 還沒有成熟的果實，顏色不夠紅潤。

○ 挑擇已成熟的果實

○ 挑選葉片茂盛、肥厚的葉片

POINT❶ 果實多。因為萬兩的觀賞價值在果實，所以挑選果實多的盆栽。

POINT❷ 葉子茂盛。儘量挑選葉子數量多，以及肥厚、飽滿的葉片。

POINT❸ 葉片健康。避免挑選葉片變黃的植株。

🛍 **購買情報** │ 常見規格為5~7寸盆，價格因植株茂密程度、高度與果實豐盛程度而有所差異，參考售價約300～650元之間。

🗨️ 疑難雜症諮詢室

Q1 為什麼萬兩的葉子變得黃黃的？

A1 萬兩原來生長在山區的森林底層，上方有濃密的樹蔭，所以造就它喜陰涼環境的特性，不需要接受陽光直射就可以長得很健康。如果不知道這一點，將萬兩盆栽放在陽光普照的位置，葉片就會被曬得黃黃的，嚴重的還會曬傷。

Q2 請問要到哪裡買萬兩的種子呢？

A2 買不到，自己採就有了。萬兩本身結出的紅色果實裡面就有一粒種子，可以等果實呈暗紅色且失去光澤後，採收下來用水浸泡幾天，將果皮、果肉泡爛後，直接將其搓掉後就可以使用。

越開越美麗TIPS

在光線較弱的中庭或陽台，甚至是擺放在室內窗邊也都可以正常成長開花，但買回後，若要隔年再結果實，就一定要利用室外蜂蜜授粉或人工用棉花棒或水彩筆等代傳花粉，這樣你就可以再看到紅通通的果實。

❧ 觸感像絨毛的苦苣苔科成員

大岩桐

特徵

◉ 大岩桐是苦苣苔科家族的一員，是球根植物，全年都可以在花市看到它的身影。莖、葉都是屬於肉質多汁的質地，脆嫩容易折斷。全株表面都布滿絨毛。

◉ 花市中的大岩桐，最讓人眼睛為之一亮。常見的花色有紅、粉紅、深紫、淺紫等多變色彩，最讓人印象深刻的是橢圓形大葉片與花瓣的觸感，就像溫暖的天鵝絨，摸起來十分舒服。

◉ 大岩桐雖然全年皆可開花，但栽種在陽台室外時，可能會因為天氣太熱，使得地上莖枝枯萎，利用地下球根會進入休眠期，等到氣候轉好時，再重新開始生長。

DATA

英 名	Gloxinia
學 名	*Sinningia speciosa*
分 類	球根花卉
科 名	苦苣苔科
原產地	巴西
花 期	全年開花

綠手指小百科

☼ | 日照 | 窗台斜射光線即可，如果放在陽台只需要半日照，同時要避免強風吹襲。

💧 | 水分 | 葉片大，水分需求也大，如果葉片或花朵變軟就表示缺水了。

🐛 | 施肥 | 兩週施加一次花肥，如果養分不足，會造成「消蕾」情形，一季施加一次長效肥料。

🌱 | 繁殖 | 採用葉插或側枝扦插繁殖。

DATA

英　名：Cream narcissus
　　　　Bunchflower daffodil
　　　　Chinese Narsissus

學　名：*Narcissus tazetta* var.
　　　　chinensis

分　類：球根花卉

科　名：石蒜科

原產地：地中海沿岸

花　期：約每年12月至隔年3月

🌿 最古典的球根花卉

中國水仙

特徵

◉ 中國水仙除了有「凌波仙子」的美名之外，另外還有一個很特別的名字叫「金盞銀台」，顧名思義就是因為它白色的五朵花瓣上，立著黃色淺杯形的副花冠。

◉ 通常在花市可以看到很像洋蔥的球根，或是已種好的水耕盆栽。中國水仙的葉片扁平，葉片自球根抽出，再由葉叢中抽出中空管狀的花莖，每一花莖會開出3～7朵花。

◉ 中國水仙除了外觀具有典雅的氣質外，開花後更會散發優雅的香氣。植株喜好冷涼的氣候，通常在每年一、二月會大量上市，是傳統年節應景的人氣花卉之一。

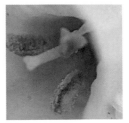

綠手指小百科

☼ | **日照**｜全日照，若光線不足會導致葉片抽高且柔弱，整體葉片會凌亂不堪，影響美觀至鉅。要在陽光充足處種植到花已八分開時再移至室內欣賞。

💧 | **水分**｜栽種在土裡時，儘量保持盆土溼潤。水耕時要天天換水。

🐛 | **施肥**｜水耕不需要施肥，若用土栽可在種植時施加長效肥料。

1 買球根

挑選飽滿球根

到花市挑選無病害、損傷，結實
飽滿的球根。因為球根有不同的
形態，所以可以依個人喜好的挑
選。

2 填入介質

放入發泡煉石

在預備好的盆器內，倒入發泡煉
石（彈珠、貝殼、白色小石子等
材料皆可）。

3 置入

視盆器大小擺放

視盆器大小置入3～5個球根，正
放或側放不拘。

4 加水

水不要淹到球根

放入球根後就加水，水的深度只
要淹過介質且接觸到球根底部即
可。種完後放在陽光直射處。

5 換水

每天都要換水

根部會排泄廢物而且水會污濁，
所以要天天換水，保持根的活力。

6 修剪

連花莖去除

先萎凋的花，連同花莖一起去除。

選購盆栽大訣竅

POINT❶ 買球根時，挑球根越大越好，外表無發霉、碰撞受傷的現象。因為裡面花芽越多，就會把球根撐越大，母球旁邊會有小球根也無妨。

POINT❷ 如果要買水耕盆栽，請選擇花苞已長出而且數量多者。

POINT❸ 不要買已大量開花的水耕盆栽，因為觀賞期會太短，而且在運送回家的路上花朵、花莖很容易就折損。

🛍 **購買情報** │ 一個球根參考售價約100元、5寸水耕盆栽參考售價約200～400元。

○ 球根又大又飽滿

○ 挑選花苞多的盆栽

✗ 沒有明顯的花苞

ⓠᴬ 疑難雜症諮詢室

Q1 請問中國水仙水耕和土耕有什麼不同嗎？

A1 中國水仙採用水耕或土耕，是應用上的差別。水耕的方式可以表現中國水仙冰清玉潔的格調，而且操作簡單、栽培容易，是中國水仙主要的栽培方式。不過因為水裡未供給營養，而且開花與葉片生長已耗損球根所蘊含的養分，所以水耕栽培的水仙一般在開完花後就丟棄。使用土耕方式栽培與其他花卉種植無不同之處，只是較無法呈現水仙的靈秀之氣。

水耕

或許有人想說在土裡加肥料，讓土耕的水仙在開花後，有充足養分繼續生長，等到時序逢盛夏時，中國水仙葉片乾枯以球根形態越夏，就必須挖出球根以免受潮腐爛，球根儲放在陰涼通風的位置，待來年春季再種植開花。如此做當然無可厚非，不過台灣氣候炎熱，在中國水仙春季開花後綠葉生長尚未儲存足夠養分在球根時，即已因為酷熱而枯萎進入休眠，因此來年開花會稀少，甚至不開花。而且栽培程序曠日費時，不如每年買新球根來得經濟實惠。

土耕

Q2 這幾天買了幾顆水仙球莖，栽種後要多久會開花？

A2 水仙花球根從浸水種植到開花大約要25～30天的時間，影響開花的主要原因是溫度，天氣暖開得快、天氣冷開得慢，所以想要趕在過年時節開花，就要特別注意推算種植的時間。

Q3 中國水仙和西洋水仙有什麼不一樣嗎？

A3 中國水仙原產地中海沿岸，大約在唐、宋時期傳入 *Narcissus tazetta* 這個種到中國，因為栽培歷史久遠而且已經適應中國氣候，所以便稱為「中國水仙」。其實水仙原生種近30種，這些品種花朵造型、植株形態與中國水仙差異頗大，而且多數種類沒有香味，因此便將這些晚近才引進的品種稱為「西洋水仙」（如右圖），以茲區別。

風信子

特徵

◉ 風信子優雅的花名讓人一聽就有浪漫的感覺，加上它馥郁的香氣，淡雅與豔麗兼備的花色，讓人不愛也難。

◉ 不論是水耕或土耕，只要種下球根，不久就會開始冒出一點綠，然後葉片一片片順次長出，當長到四、五片葉了時，會開始從中央長出像玉米般的花序，接著花朵從下往上一朵朵綻放，能夠看到花成長的樣子，也是愛花人幸福的事。

◉ 一個球根會開出1～3支花，最大的1支花會開出20～30朵像漏斗形或鐘形的小花，也有重瓣的品種。花色有洋紅、粉紅、白、紫等顏色，罕見的還有鵝黃色的品種。

DATA

英 名	：	Hyacinth
學 名	：	*Hyacinthus orientalis*
分 類	：	球根花卉
科 名	：	百合科
原產地	：	地中海
花 期	：	約每年11月至隔年3月

綠手指小百科

☼ **日照** | 不論土耕或水耕，在開花前最好完全在室外或陽台上栽種，等到花序長到比葉子高時，就可以移室內欣賞。

💧 **水分** | 土耕時要觀察培養土乾了才澆水。水耕時，避免將根完全泡水，保留部分的根部通風露在空氣中。

🐛 **施肥** | 球根已飽含生長開花所需的養分，不需要特別施加肥料。

🌱 **繁殖** | 採用切割的方式處理球根，以促使長出大量的小球剝下來繁殖。不過台灣氣候炎熱，生長發育會受到阻礙，通常不進行繁殖。

1 買球根

挑選飽滿球根

到花市挑選健康、養分充足飽滿
的球根。

2 取出

輕輕握住、提起

一手握住黑軟盆,另一手輕輕握
住植株提起。

3 處理

剝去不必要的外皮

提起植株後,剝去球根表皮不平
整或已半脫落的外皮。

4 植入
先填入少許培養土
先在盆器內盛入新土約1/5後，再將球根放入盆器內。

5 覆土
固定球根位置
土團之間的空隙確實填土，並依照個人喜好或盆器造型，選擇是否要露出球根或完全埋入土裡。

6 澆水
只需要澆土
澆水後就完成種植，之後等培養土乾了再澆水。

越開越美麗TIPS
光線明亮與空氣流通環境可以讓花開得更久，太陰暗且密不通風，會讓花朵凋謝得很快。如果有多支花序，可以將最先開的一支花，有4/5的花朵已經凋謝時就將它剪除，可以促進其他的花序加速生長。

選購盆栽大訣竅

POINT ❶ 球根大又飽滿。球根有尚未種植與已種植剛發芽的兩種，不論哪一種都要挑選球根大又飽滿的，開花數才會超過一支。

POINT ❷ 花比葉子高。花市也有販售已經栽種好快要開花的盆栽，要挑選花比葉子高的才好，因為光線不足與溫暖環境，會造成葉子高於花，大大降低觀賞效果。

🛍 **購買情報** ｜ 一個球根參考售價約 50～100 元。

左 ✕ 光線不足或溫度太高，葉片比花梗高。
右 ○ 要挑選光線足夠，花梗比葉片高的才好看。

🗨 疑難雜症諮詢室

Q1 為什麼我的葉子比花高，把花都擋住了？

A1 可能的原因很多，包括球根低溫處理不完善，讓花序發育遲緩；栽培時光線不足，讓葉片徒長，生長速度快過花序；溫度過高，讓葉片生長太旺盛。上述這些原因，都會讓葉片比花序高。球根低溫處理不完善這點較少發生，一般進口球根品質都很優良。如果自己培育風信子的環境問題，無法克服上述的因素，建議直接選購已經開花的盆栽來欣賞就好。

Q2 我在花市買了球根，可以放在水裡種嗎？

A2 可以，不過記得不要讓根完全泡在水裡，要露出一些在空氣中讓根部可以透氣。

DATA
英　名：Polyanthus
學　名：*Primula* hybr.
分　類：多年生草本
科　名：報春花科
原產地：中國
花　期：約每年12月至隔年3月

🌱 告訴你春天來了的花使者

報春花

特徵

◉ 報春花不論是中文名稱或學名，都是在表達早春或春天到了的意思。因為報春花在野地裡，總是在冰雪初融時就爭先生長開花，似乎在向大地宣告春天來臨，因此獲得了名符其實的「報春花」之名。

◉ 耐寒性很強的報春花，是典型的季節性花卉，雖然在國外涼爽的氣候可以作為多年生植物，但在台灣大多數是無法度過夏天，所以就被當作一年生使用。

◉ 報春花最常見的有莖高的小花、大花品種，以及植株較矮小的西洋報春品種，都是春天應景的搶手花卉。葉有橢圓或長橢形，葉緣有淺淺的缺刻，花有黃、白、紅、桃紅、藍紫等多變的色彩，很適合做組合盆栽。

綠手指小百科

☼ | **日照** | 生長需要充足日照，花朵盛開後可以放在室內明亮窗邊欣賞，但若發現新開的花有褪色現象，就必須移到戶外繼續栽培。

💧 | **水分** | 花、葉怕沾水，能放在陽台不淋雨處最好。植株很怕缺水，所以掂掂盆器發現變輕了，就要立刻澆水。

🐛 | **施肥** | 兩週施加一次開花肥，可促進持續開花。

❦ | **繁殖** | 播種法繁殖，但是播種與幼苗生長需要冷涼環境，因此多在山區苗圃繁殖。

1 買盆栽

挑選葉多、花莖多

到花市挑選植株健康，葉片多、花莖多健康的盆栽。

2 套盆

搭配比例相當的盆器

因為買回來的盆栽正逢生長最旺盛的時候，如果進行換盆動作，讓根系裸露在空氣中，會讓根毛受損，影響吸水效能，換盆後容易有缺水萎軟的現象，所以不建議換盆。最好用套盆的方式來美化盆栽。

3 澆水

避開花、葉

布滿細毛的花、葉沾了水不容易乾，提供病害滋生的溫床。所以澆水時，撥開葉片，直接澆淋介質即可。

4 施肥

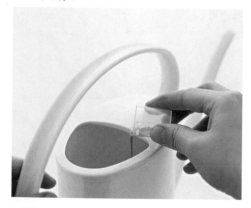

兩週一次

報春花開花期很長，可以隔週施加一次液體花肥，供應開花所需要的養分。（使用比例參見P.29 注1 ）。

5 修剪

5-a 整理
植株下方的枯黃葉片隨時剪除。

5-b 剪殘花
花朵凋謝馬上清理，如果整枝花都謝了，就將花莖剪除，讓其他的花莖有伸展的空間。

越開越美麗TIPS

缺水會影響生長發育，讓開花受到阻礙，所以要注意觀察盆栽水分的需求狀況，掂掂重量是最準確的方法，變輕了就澆水準沒錯。光線會讓花色增豔，所以先在陽台養，盛開時再移到室內欣賞。

選購盆栽大訣竅

POINT① 挑選花莖多。可以觀察底下有沒有要萌芽的花莖。

POINT② 花朵選半數還沒開的。

POINT③ 葉片多又密。表示植物很健康。

🛍 **購買情報** ｜西洋報春3寸盆參考售價約50～100元，5寸盆栽參考售價約150～200元。

○ 花莖多，只有部分已開花。

○ 葉片多，表示植株健康。

DATA

英　名：Azalea
學　名：*Rhododendron* hybr.
分　類：常綠灌木
科　名：杜鵑花科
原產地：園藝交配種
花　期：約每年11月至隔年4月

🌿 居家最適合種的杜鵑花

西洋杜鵑

特徵

◉ 西洋杜鵑重瓣的花朵形似玫瑰，所以也有人稱為「玫瑰杜鵑」，波浪狀的摺邊與豔麗的花色，盛開時繁花似錦的花容，讓它成為世界各地冬、春季主要的盆花之一。台灣大多從聖誕節就開始進口販售，供應期直到春季。

◉ 西洋杜鵑是由數種原產日本的杜鵑雜交培育而成，育種最興盛且生產技術最佳的國家是比利時，所以又被稱為「比利時杜鵑」，台灣販售的西洋杜鵑也多是從比利時進口的。

◉ 西洋杜鵑是常綠灌木，具有全年都可以不定期開花的特性，但是春天還是盛開期，除了可以當盆栽觀賞，也可以直接種在院子裡作矮籬，甚至修剪成有造型的盆景也很有可觀之處。

綠手指小百科

☀ | 日照 | 西洋杜鵑需要充足日照，未開花前要放在室外培養，等完全盛開才能放在室內明亮的窗邊觀賞，花朵凋謝後要再移至室外栽培。

💧 | 水分 | 水分需求大，最好一至兩天就要澆一次，如果忽略沒澆水，葉子會塌下來，還沒開的花苞也會因此受損。

🐝 | 施肥 | 施用長效肥料，一季一次即可。

✂ | 修剪 | 花謝後會由花朵生長處的枝條末端生出新芽，可以將長出的新芽末端摘掉，可以抑制植株長高，還能刺激側枝生長，讓植株更加茂盛。

🌱 | 繁殖 | 採用扦插法繁殖，國內自行生產很少，多是從國外進口將要開花的成株，然後在溫室內培養到開花。從扦插到培育成開滿花的優良品質，需要高度的技術。

1 買盆栽

葉片密滿、枝葉分布均整

到花市挑選植株健康、葉片完好的盆栽。

2 套盆

搭配比例相當的盆器

使用套盆或換盆的方式來美化都可以，為免根系受損，讓正在開放的花朵太快凋謝，建議使用套盆的方式比較好。

3 澆水

撥開枝葉，澆淋培養土

進口的盆栽都是使用泥炭土種植的，它具有乾燥就不容易吸水的特性，因此觀察西洋杜鵑葉片失去光澤、稍有下垂的現象就要立即澆水。用手撥開葉片，用長嘴壺直接澆淋培養土。

4 施肥

一季一次

只需要一季施加一次長效肥料即可。（使用比例參見P.29 注2 ）。

使用比例參見P.29 注2

越開越美麗 TIPS

西洋杜鵑最怕的就是缺水與秋冬季不當修剪，還有養分與陽光不足時也會影響開花，所以盆栽買回來後，一定要放在全日照的環境，而且一季補充一次長效肥料。修剪最佳時機是開花過後的4～5月，此時新芽已長出，可以將新芽末端剪掉以控制高度。千萬不可以在秋、冬兩季花芽已處於生長狀況下進行修剪，這樣做等於把春天要開的花剪掉了。

5 維護

5-a 去殘花

若一個花序只有一朵花凋謝，為維持美觀，可以用手直接於花萼處拔掉殘花。

5-b 花期後

等花期完全結束後，就可以將所有的殘花都拔掉，讓植株休息，重新儲備養分等下次開花。

選購盆栽大訣竅

○ 挑選葉片茂盛的植株。

○ 挑選多數花苞還像
蠟燭大小的植株。

西洋杜鵑有生產多種規格，
依喜好挑選。

POINT ① 儘量買都還是花苞的。因為買回家後才開出來的花朵，可以欣賞最久。

POINT ② 植株莖枝要分布平均。

POINT ③ 花苞不要有皺縮乾癟、褐化發霉的現象。

🛍 **購買情報** │ 依規格不同，價格差異大。

疑難雜症諮詢室

Q1 為什麼我的西洋杜鵑，有一段枝葉一直下垂，呈現
缺水的樣子？

A1 因為進口的西洋杜鵑是使用泥炭土，一旦忽略幾天
沒澆水造成太乾燥，就會降低吸水性，影響根部補
充水分，嚴重時就會造成根部受損，無法再吸收水
分。所以碰到泥炭土過乾時，一定要有耐心每半小
時澆一次水，直到土壤完全溼潤鬆開，恢復保水性
為止。

Q2 如果不希望西洋杜鵑長太高，該怎麼辦？

A2 因為花朵開在枝條末端，所以如果不想讓它長高，
可以利用「摘心」的方式處理，一方面避免向上成
長，同時還可以促進植物長出分枝來。

花市一大片各色的西洋杜鵑

🌿 花色嬌豔出眾的迷人花卉

麗格秋海棠

DATA

英　名：Rieger Beginia
　　　　Elatior Begonia

學　名：*Begonia × hiemalis*

分　類：多年生草本

科　名：秋海棠科

原產地：園藝品種

花　期：約每年10月至隔年6月

特徵

◉ 麗格秋海棠是秋海棠類的眾多花卉中，以花色鮮明亮麗、花形嬌豔可愛、開花繁密著稱，是冬、春季主要的盆花。在溫帶國家可以全年栽培欣賞，但是台灣夏季太炎熱，生長會衰弱且容易罹患病害，所以不繼續栽培。

◉ 主要花色是紅、橙、黃，色彩深淺變化帶來豐富的表情，濃的熱情洋溢、淡的清新爽朗，濃妝淡抹皆相宜，所以深獲喜愛。花形可分為單瓣、半重瓣，與像玫瑰花的重瓣品種。最新品種在花瓣邊緣還有缺刻或是花色有漸層變化。

◉ 看起來雖然嬌嫩，不過生長卻比想像中來的強健，具有些許耐旱的特性，怕培養土積水潮濕。所以照顧起來輕鬆容易，可以為家裡帶來繽紛色彩。

綠手指小百科

☀ | **日照** | 半日照到全日照環境。日照充足花朵繁茂、花色豔麗，但注意日曬伴隨的高溫。

💧 | **水分** | 怕潮濕，注意水分控制。培養土表面乾了才澆水，全株都要避免沾到水。

🐝 | **施肥** | 為持續開花，所以必須兩週一次施用液體開花肥料。買回來後也可以施加一次長效肥料。

✂ | **修剪** | 單朵花凋謝，直接用手取走；如果整枝花都謝了，就連同花序以及枝條末端一起剪掉，可以促進莖的基部萌發分枝，以便再次開花。

🌱 | **繁殖** | 國內生產栽培都是由國外進口種苗種植。

1 買盆栽
健康而且葉片要多

去花市挑選植株大又健康的盆栽,回去後要先觀察莖基部與介質之間是否鬆動,如果有此現象,要輕壓讓培養土重新密合,以免根系受損。

越開越美麗TIPS

它的莖枝脆,易斷,要立支柱支撐。麗格秋海棠最愛充足的日照與通風乾爽的環境,悶熱潮溼與昏暗場所是它最害怕的,要儘量避免。並且隨時剪除殘花,持續施肥,就可以讓它開得長長久久。

2 套盆

搭配比例相當的盆器

因為莖葉與花莖都很脆嫩容易折斷,應該避免不必要的操作以免折損,所以直接用套盆的方式美化盆栽。

3 澆水

撥開枝葉,澆淋培養土

等培養土乾了再澆透。澆水時也要撥開葉片,用長嘴壺直接澆淋在培養土上。

施加液態花肥

施加長效肥

4 施肥
花肥、長效肥都要

因為花期長，所以要持續每兩週施加一次液態花肥，同時買回一個月後要一季施加一次長效肥料（使用比例參見P.29 **注1**、**注2**）。

選購盆栽大訣竅

○ 依喜好挑選花色。

○ 花朵、花苞各半

○ 葉片健康良好。

✕ 葉片生病

POINT1 植株越大越好。可依喜好挑選規格。

POINT2 最好選擇花苞和已開的花各半的植株，可延長觀賞期。

POINT3 葉子要完整，不要有爛葉或病斑。

POINT4 注意莖上有沒有腐爛的黑斑。

📄 **購買情報** | 3寸盆栽參考售價約50～100元，5寸盆栽參考售價約150～200元。

Q1 我的麗格秋海棠才買回來兩個禮拜，突然莖枝中間發黑、斷裂，是為什麼？

A1 可能是買回家的過程中受到劇烈搖晃，讓莖部斷裂受傷，之後又因環境不通風或介質太潮濕，讓病菌從傷口處侵入。有此現象可以立即將病莖修剪掉，以避免擴大感染範圍。另外要調整水分供給，一定要等土乾後再一次澆透，並且將盆栽移至通風處擺放。

Q2 我家陽台麗格秋海棠的花，為什麼常常才開不久就掉下來？

A2 因為麗格秋海棠的莖枝脆易斷裂，如果陽台的風勢太強，可能就會讓花莖經常斷裂，建議您改放在窗邊或風勢較弱的環境。

觀賞蘿蔔

特徵

- 蘿蔔閩南語稱為「菜頭」，因諧音為「彩頭」，所以常在開幕、選舉、慶典、春節的時候用來求個好彩頭，而將原本食用的蘿蔔，挑選造型討喜的品種，種植成盆栽出售。

- 最早應用來觀賞的蘿蔔品種是白色長筒型的「關白」品種，在選舉時最常看到用來祝賀高票當選，但是體型較大，居家觀賞較不合適。因此現在主要觀賞品種是圓形的紅皮蘿蔔，渾圓可愛的造型，有大小不同尺寸。一般花市及花店會在表皮再上色，讓它看起來更紅豔，還會為蘿蔔加上許多年節吉祥的飾品，新春之際買一盆擺在家裡頭，一定能讓今年運勢搏個好彩頭。

DATA

英　名：Radish
學　名：*Raphanus sativus*
分　類：一年生草本
科　名：十字花科
原產地：園藝品種
花　期：約每年12月至隔年4月

綠手指小百科

- ☼ | **日照** | 蘿蔔栽培需要陽光直射，但是觀賞用的蘿蔔葉片已切除，所以可以放在室內欣賞。
- 💧 | **水分** | 培養土乾透才澆水。
- 🐛 | **施肥** | 觀賞蘿蔔可以當作是個活擺飾，所以不需要施肥。
- 🌱 | **繁殖** | 播種繁殖法，農民生產先播種在田地內栽培，等到長成後再挖起移到盆內種植。

1 買盆栽

挑選飽滿球莖
到花市挑選根部健康、飽滿的盆栽。

2 取出

輕輕握住、提起
一手握住盆器,另一手輕輕握住植株提起。

3 找盆器

依個人喜好挑選
提起植株後,挑選具有造型的盆器來搭配。

4 放入

先盛1/3新土
先在盆器內盛入新的培養土約1/3後,再將植株輕輕放入。

5 覆土

固定位置
放入植株後,覆土固定。可依個人喜好選擇植株露出高度。

完成

選購盆栽大訣竅

POINT❶ 沒有傷痕。注意表面有沒有傷痕，挑選表面光滑的盆栽。

POINT❷ 挑選根部結實飽滿，沒有皺縮現象。

🛍 **購買情報**｜5寸盆參考售價約50～100元。

✗ 表面有傷痕　　　○ 表面光滑

疑難雜症諮詢室

Q1 觀賞蘿蔔在欣賞完後，可以拿來吃嗎？

A1 最好不要，因為風味應該已經變差，沒有食用的價值。以食用為目的栽培，是在根部發育到最佳狀態時採收。而觀賞用途則是挖起後再移到盆內種植，此時，根部內的養分會耗損在長新葉與開花，因此根部常會有空心、纖維化的現象，所以觀賞完就直接資源回收吧。

Q2 我的觀賞蘿蔔開花了，這是正常現象嗎？

A2 有些人擺放觀賞蘿蔔一陣子後，會在中心處長出像樹枝的花莖之後，開出白色或紫粉色的花朵。植物生長開花本來就是正常的現象，雖然觀賞蘿蔔看起來不太有活力，甚至於不太受到照顧，不過肥大根部所儲藏的養分與水分，還是可以供應植株開出少許的花朵。

越開越美麗TIPS

蘿蔔是直根的植物，非常不耐移植，而且根部發育肥大時就是生長停滯準備開花的時候，所以將蘿蔔種在盆內欣賞，原本就沒有要讓它繼續成長的必要。所以保養的工作在於葉片保留或者去除，如果擺放的位置光線充足，就會冒出青翠的葉片，會讓蘿蔔的觀賞性提升。如果擺放的位置陰暗，蘿蔔的葉片便會黃化又凌亂，所以還是剪掉比較好。

Chapter 2

陽台盆花

balcony

🌱 增添家中喜氣的富貴花

瓜葉菊

DATA

英　名：Cineraria
學　名：*Senecio cruentus*
別　名：富貴菊
分　類：一年生草本
科　名：菊科
原產地：加拿列群島
花　期：約每年12月至隔年3月

特徵

- ◉ 瓜葉菊開起花來有花團錦簇的效果，看起來豐富圓滿，所以在花市裡又被稱為「富貴菊」。花瓣顏色鮮明多變，有其他花卉少有的藍紫色系，加上桃紅、粉紅等色彩亮眼的花色，除了單色之外還有鑲邊的色彩變化，所以是年節期間最令人驚豔的年節盆花之一。

- ◉ 瓜葉菊除了花色搶眼外，葉片大，有淺淺的裂葉形狀，也是它的特色之一。葉面摸起來粗粗糙糙的，還有短短的小絨毛，很像瓜的葉片，因而有瓜葉菊之稱。

- ◉ 12月以後進入盛產期，在花市、苗圃可以看到整片的瓜葉菊花海。它矮小的植株高度，很適合放在陽台花架上欣賞，成列擺放有五彩繽紛的效果。

綠手指小百科

- ☼ ｜ **日照** ｜ 全日照。光線不足的情況下，原本很密滿的花朵，會變成很鬆散的樣子，觀賞效果會大打折扣。

- ◗ ｜ **水分** ｜ 因為寬大的葉片會快速蒸散水分，所以對水分的需求大，一缺水葉片就會快速下垂，因此大約一、兩天就要澆水一次。

- ✹ ｜ **施肥** ｜ 買回的盆栽都已經是生長最旺盛的時候，花朵的生長發育也都已經完成，所以施肥已經沒有促進生長開花效果，可以不必施肥。

- ✌ ｜ **繁殖** ｜ 播種法繁殖。因栽培過程需要較高的技術與完善的種植環境，不建議自行繁殖。

1 買盆栽

花苞多、葉片均整

至花市挑選植株健康、花苞多、葉片均整的盆栽。

2 套盆

搭配比例相當的盆器

瓜葉菊是對水分需求很大的植物，根系吸收土壤水分與葉片蒸散水分達到平衡時生長最好。如果在此時進行換盆，讓根系暴露在空氣中壞損，將會讓植株呈現缺水的狀況，所以買回來的盆栽用套盆的方式加以美化即可。

3 澆水

不要澆到葉子

花朵與長滿細毛的莖葉，沾水後很容易遭到病害侵襲，所以澆水時要用手撥開葉片，用長嘴壺直接澆淋培養土。

越開越美麗 TIPS

切記，瓜葉菊最怕缺水，一旦發現葉片沒有精神的下垂，就要馬上澆水。還有光線一定要充足，只能短暫一兩天放置室內觀賞，太久會影響植株健康。

選購盆栽大訣竅

標準尺寸是7寸盆

POINT❶ 挑選還有半數以上是花苞的盆栽。

POINT❷ 葉片無軟塌現象。

🛍 **購買情報**｜3寸盆栽參考售價約30～50元，
　　　　　　　5寸盆栽參考售價約150～200元。

◯ 挑選還有半數花苞未開的植株

✕ 避免挑選有花莖抽高徒長的植株

✕ 注意看葉片有無蟲害情形
（圖中顯示有畫圖蟲造成的葉片損害）

疑難雜症諮詢室

Q1 為什麼我的瓜葉菊花朵和葉片都垂頭喪氣？

A1 因為它花多、葉大，所以很怕缺水。如果買回去沒有即時澆水，可能回去兩、三天就看到葉片和花下垂。要注意澆水時，不能當頭淋下，這會很容易讓植株生病腐爛，更加速終結它的生命。

缺水

Q2 我的花好像褪色了，是生病了嗎？

A2 瓜葉菊花色鮮豔，需要足夠的日照，適合栽種在室外或陽台不被雨淋的位置，若光線不足就會出現新開花朵褪色，以及莖枝抽高徒長的情況。

褪色

Q3 我買的瓜葉菊花都凋謝了，接下來要怎麼做才能使它明年再開花呢？

A3 瓜葉菊是屬於一年生草本植物，當它進入開花期就是生命到達高峰而準備要走下坡的時候，一旦開花期完全結束，就表示植物生命也快要結束，栽培重點就是做好平日的養護，讓瓜葉菊能維持最長的開花期即可。

DATA

英　名：Cyclamen
學　名：*Cyclamen* hybr.
別　名：兔子花
分　類：球根花卉
科　名：報春花科
原產地：地中海沿岸
花　期：約每年10月至隔年4月

🌿 最適合居家種植的可愛盆花

仙客來

特徵

◉ 仙客來花原產地中海沿岸地區，尤其深受以色列人的喜愛，甚至有一首關於仙客來的民謠。

◉ 屬球根植物，地下有一扁球形的塊莖，塊莖下有密滿的鬚根。球莖上方呈放射狀生長許多葉片，葉緣呈鋸齒狀，綠色心形的葉片上，有淺綠、灰白的斑紋，交織成像大理石的斑紋。

◉ 喜好涼爽氣候，開花上市時間從秋末到春季，生長到夏季後因為高溫植株會進入休眠，但是在台灣潮濕炎熱的氣候下球根容易腐爛，所以不進行越夏栽培，僅當作時令盆花使用。

◉ 花朵挺出於植株上。仙客來最特別的是花瓣朝上反捲，好像兔子的耳朵，也像是為寒冬帶來暖意的熊熊爐火。花色有紅色、粉紅、深紅、白色、鑲邊等多樣品種。部分品種有香味，也是挑選的重點之一。依植株特性可分為3寸盆種植的迷你種與5～7寸盆種植的普通種。

綠手指小百科

☼ ｜ **日照** ｜ 最好放置在陽台，明亮的窗邊可以暫時擺放，若光線不足會造成葉片徒長，全株會變得很散亂，新開花會褪色，已開的花會提早凋謝。

💧 ｜ **水分** ｜ 不耐旱，缺水時植株會整個軟塌，要規律的澆水。

🌱 ｜ **施肥** ｜ 兩週施加一次花肥，買回即施用一次長效肥料。

🌿 ｜ **繁殖** ｜ 播種繁殖法，栽培需要高技術與冷涼環境，種子生長到開花需要一年時間，不建議自行繁殖。

1 買盆栽

葉片密、花集中

至花市挑選植株健康無病害黃葉現象，葉片分布均勻而且密滿，花朵集中又長有很多花苞的盆栽。

2 套盆

搭配比例相當的盆器

因為正值開花期，為維持植物根系完好，建議使用套盆的方式美化盆栽。

3 澆水

直接澆培養土上

培養土略乾就澆水，一般冬季陽台栽培一週大約澆2～3次水，室內窗邊大約1～2次水。澆水必須手撥開葉片，用長嘴壺直接澆淋培養土，植株避免澆淋到水。

4 修剪

4-a 抽掉殘花

花凋謝了,一手壓住盆子,一手深入花莖基部,然後迅速的直接拔斷即可,用剪刀剪反而容易讓傷口感染腐爛。

4-b 抽掉枯葉

葉片老化,一樣由基部直接抽出。

✕ 不正確

5 施肥

越開越美麗 TIPS

仙客來球根頂端新葉萌芽生長的地方,最怕積水潮濕造成腐爛。葉片與花朵沾溼水分,容易引發灰霉病等病害。所以在照顧上要避免植株淋到水。用抽拔的方式,整理殘花、枯葉,就能讓植株維持最佳的觀賞性。

花肥、長效肥都要

因為花期長,所以要持續每兩週施加一次花肥(使用比例參見P.29 注1 、 注2)。

選購盆栽大訣竅

✕ 不要挑花朵不完好、不健康的。

◯ 要挑選還有很多花苞的

◯ 挑選花朵集中的植株

◯ 觀察葉片底下花苞數目多

POINT❶ 挑選時葉子要很緊密。

POINT❷ 花越集中越好，表示植株健康。另外可以翻開葉子，選擇底下花苞還很多的。

🛍 **購買情報** │ 3寸盆栽參考售價約80～150元。5寸盆栽參考售價大約200～300元。

疑難雜症諮詢室

Q1 為什麼我的仙客來花葉全部都塌下來了？

A1 仙客來的根系纖細，很怕盆土太乾燥或過於潮濕，兩種極端都會造成根系受損。吸水的根壞死了，仙客來便無法從土壤取得水分，所呈現的就是葉片軟塌的現象。種植仙客來必須特別注意澆水，寧可規律地適時澆水，也不要因為乾太久而拚命灌水。

Q2 仙客來結出的果子可以用來栽種嗎？

A2 仙客來的花朵容易吸引昆蟲採花授粉，在陽台栽培時，偶爾會見到結了圓圓的果子。從花朵受精凋謝後到果實成熟大約要2～3個月。普通種播種適期是秋季，生長大約要13～15個月，可以供應隔年新春時上市；迷你種冬季播種，生長大約要10～12個月才開花供應年節上市。由此可知仙客來的生長期很長，栽培需跨越生長最困難的夏季高溫潮濕，因此需要精湛的栽培技術與完善的栽培環境，自己嘗試採種種植並不容易成功。

DATA

英　名：Canterbury Bells
　　　　Bell Flower
學　名：*Campanula medium*
分　類：一年生或多年生草本盆花
科　名：桔梗科
原產地：歐洲
花　期：約每年11月至隔年3月

🌿 像風鈴般的藝術花朵

風鈴花

特徵

◉ 風鈴花生長在歐洲氣候涼爽的地區，在那裡它是多年生植物，冬季會因為低溫休眠，春季生長、夏季開花。在台灣因為氣候的緣故，是在秋季栽培，冬春季開花，夏季因為氣候太炎熱，植株很容易枯死，所以當作一年生植物。

◉ 風鈴花獨一無二的特徵，是它的花就像懸掛在高處的「玻璃風鈴」，似乎可以聽到花朵傳來叮噹悅耳的鈴音。

◉ 風鈴花品種多，但是引進台灣的目前只有兩、三種。一種是高大直立的花莖，上面開出成串的粉紅或紫色花朵，花大且造型可愛，為最普遍的品種，除了作盆花觀賞外，也是很受歡迎的切花花材。一種是較迷你的細葉垂花品種，可作吊盆與盆栽欣賞，花色是清爽的天藍色。

綠手指小百科

☼ | 日照 | 需要陽光直射，放在室內花朵會較快凋謝。

💧 | 水分 | 觀察葉片有略為變軟的現象時就馬上澆水。

🐛 | 施肥 | 有持續開花的能力，可以隔週施一次液體開花肥。

✂ | 修剪 | 整串花都凋謝了，就連同莖枝一併修剪掉，刺激基部，萌發新的開花枝。

🦋 | 繁殖 | 播種繁殖，生長發育期很長，市面上沒有零賣的種子。

DATA

英 名：African bush daisy
Golden shrub daisy

學 名：*Euryops sp.*

別 名：愛情菊、南非菊

分 類：常綠半灌木

科 名：菊科

原產地：南非

花 期：全年開花（夏季較少）

🌿 充滿朝氣的浪漫愛情花卉

情人菊

特徵

◉ 情人菊是常綠半灌木，剛買回時是草本狀態，隨著生長時間愈來愈久，莖部會呈現木質化的現象。情人菊是近年才由國外新引進的菊科植物，花朵與木春菊（瑪格麗特）有幾分相似，但是葉形明顯不同。花期很長，可以從秋天盛開到春天，甚至在夏季還能看到零星的花朵。

◉ 有綠葉和銀葉兩個品種，花色都是亮眼的鵝黃色，一朵花最長可以維持 1～2 週的壽命。

◉ 情人菊在每年初秋開始上市，涼爽的氣候生長最旺盛，栽種在院子或陽台，就可以營造出一大片金黃色的花海。雖然它的生命力很強健，但到了夏天遭遇酷暑，生長速度會開始緩慢，枝條下方的葉片會很容易枯黃，花朵愈開愈少，變成沒有觀賞價值。

綠手指小百科

☼ | 日照 | 需要全日照，擺放在陽台或院子可以接受光線直射的位置。

💧 | 水分 | 具有耐旱性，若缺水，一、兩天還不致影響植物生長。

🐛 | 施肥 | 因生長期久，要不間斷使用長效肥料每季一次，開花期間還要同時每兩週一次，施加花肥。夏季高溫期如果有生長衰弱的情況要停止施肥。

❦ | 繁殖 | 使用扦插繁殖，氣候涼爽的秋天至春天都可以進行。

木春菊

特徵

- 木春菊就是大家很熟悉的「瑪格麗特」，楚楚動人的花朵，深深擄獲少女的芳心。用途很廣，除了做盆花使用外，戶外花壇大面積種植，或是剪下來作為切花花材都適用。

- 花期自冬季至初夏，最常見的花色為白色和淡粉紅色品種，黃色、紅色則較少見。

- 木春菊是春天的代表性花卉，在冷涼地區是多年生植物，成熟後整的基部容易木質化，因此才稱為木春菊。但是在本地因為夏季氣候非常悶熱，植株生長衰弱而且容易罹患病害，所以都將它當作一年生的植物栽培，只在冷涼的季節上市。

DATA

英　名：	Marguerite、Marguerite Daisy、Paris Daisy Summer Daisy
學　名：	*Argyranthemum frutescens*
別　名：	瑪格麗特、蓬蒿菊
分　類：	多年生草本
科　名：	菊科
原產地：	加拿列群島
花　期：	約每年11月至隔年5月

綠手指小百科

- ☼ | **日照** | 全日照才能正常生長開花，室內不宜擺放太久，否則會有花莖萎軟下垂、基部葉片黃化的現象。

- ♦ | **水分** | 培養土略乾時就要澆水，缺水會造成花苞無法健全發育，已開的花會提早凋謝。

- ✿ | **施肥** | 買回來後需要持續施加花肥，兩週一次。

- ❧ | **繁殖** | 利用側枝扦插繁殖，春、秋兩季施行，但是春季平地扦插較難成功越夏。

🌿 花園裡無聲的小喇叭樂手

迷你矮牽牛

DATA

英　名：Petunia
學　名：*Petunia X hibrida*
別　名：小花矮牽牛、耐熱矮牽牛
分　類：多年生草本
科　名：茄科
原產地：園藝栽培種
花　期：全年開花

特徵

◉ 矮牽牛是原產於南美洲的茄科草本植物，與蔓藤的牽牛花沒有血緣關係，只是因為花朵肖似而得名。普通種的矮牽牛，花朵大而豔麗，是秋季至春季花壇中重要的草花。近年引進花葉和普通矮牽牛比起來小得多的矮牽牛，因為花朵小巧可愛所以稱為「迷你矮牽牛」。這些品種具有開花繁密、開花期長，耐熱性佳的特性，最重要的是他們是多年生的，在妥善照顧的情形下甚至於可以全年開花。

◉ 迷你矮牽牛花色豐富多變，有白色、藍色、粉紅色、黃色、紫紅色等。花徑從2公分到6公分都有。真是小的玲瓏可愛、大的花色豔麗動人，不論盆栽或吊盆懸掛應用都很合適，是陽台上不可缺的花卉。

綠手指小百科

☼｜**日照**｜擺在陽光直射的全日照環境。放在室內會出現掉花、黃葉等生長衰退的情形。

💧｜**水分**｜很怕潮濕，等培養土表面乾了，再一次澆透。

🐞｜**施肥**｜因為花期長，養分消耗快，兩週就要追加一次液體開花肥，一季一次長效肥料。

✄｜**修剪**｜花凋謝後將枝梢摘除，可以促進分枝，開花會更旺盛。隨著日漸生長，莖會愈來愈長，可以進行強剪，將枝條剪掉2/3，剩下1/3的莖，如此可以讓老莖重新萌發新枝，繼續生長開花。

❦｜**繁殖**｜扦插或播種繁殖，但是優良品種都有權利登記，不宜自行繁殖。

1 買盆栽

葉片完整、分布均整

到花市挑選植株健康、葉片完好的5寸盆栽。

施加長效肥

2 施肥

花肥、長效肥都要

因為花期長，所以要持續每兩週施加一次花肥，如果停止施花肥，也會減少新花苞的產生，另外一季施加一次長效肥料（使用比例參考p.29 注1、注2）。

施加花肥

3 澆水

撥開枝葉，澆淋培養土

用手撥開底下葉片，用長嘴壺慢慢澆淋培養土，花、葉都儘量避免澆淋到水。

4 去殘花
用手拔除

花朵凋謝後，可以用手直接於花
萼處拔除殘花。

5 插枝
5-a 剪枝條

全年都可以剪下莖枝進行扦插，
每段莖枝長約7～10公分。

5-b 植入

先將盆器內的培養土完全澆溼
後，再將枝條植入盆土內，深度
約1公分，約4週後會發根。

越開越美麗TIPS

迷你矮牽牛開花性極強，最怕
的就是光線不夠和養分不足，
所以想要看到全年都盛開，可
得要記得將盆栽放在光線充足
的位置，另外就是兩週一定要
補充花肥一次。

選購盆栽大訣竅

✗ 株型不夠豐盛

POINT❶ 建議挑選5寸或7寸盆，不要買小規格的草花苗。

POINT❷ 買盛開的花。

🛍️ **購買情報** | 5～7寸盆栽參考售價約150～250元。

ⓆⒶ 疑難雜症諮詢室

Q1 為什麼迷你矮牽牛不可以自行繁殖？

A1 迷你矮牽牛是新興的花卉，種苗公司採集與矮牽牛同屬的野生花卉，與之雜交培育而成。在雜交的過程需要投入大量的成本，所以育成之後會進行品種登記以保護權益，與一般商品進行專利登記的意思是一樣的。自行繁殖即是侵犯培育者的權益，所以迷你矮牽牛雖然是可以扦插的花卉，還是不宜自行繁殖。

DATA

英　名：Poinsettia
學　名：*Euphorbia pulcherrima*
分　類：常綠灌木
科　名：大戟科
原產地：墨西哥
花　期：約每年10月至隔年2月

🌿 聖誕節最熱門的搶手盆花

聖誕紅

特徵

◉ 聖誕紅是台灣目前年產量最高的盆花，利用遮光進行產期調節技術，從每年10月份就開始上市，在12月到過年期間，它紅豔的色彩為家家戶戶帶來濃厚的節慶氣氛。

◉ 因應不同的使用需求，農民生產各種規格，從單花序的1寸盆到剪成樹型的5尺高大盆栽都有。苞片色彩變化上，也引進了白色、黃色、粉紅色、粉白斑紋的等品種。苞片的造型，有卵圓形、紡錘形與楓葉形等變化，還有捲曲像玫瑰的「玫瑰聖誕紅」等，都是熱銷的盆栽。

◉ 屬短日照植物，當白天變短、夜晚變長時就會開花，所以在台灣自然開花期是在秋末至冬季，可以利用遮光的技術，用黑網蓋住溫室，就能讓花期提早。相反地，如果一到夜晚有燈光照射，就會讓開花不正常，甚至於不開花。

綠手指小百科

☼ | 日照 | 除了玫瑰聖誕紅具有少許的耐陰性外，大部分品種都需要充足光線，如果環境陰暗苞片會迅速枯萎。

💧 | 水分 | 培養土太潮濕會造成葉片黃化掉落，要觀察培養土乾了才澆水。

🐌 | 施肥 | 觀賞期不用施肥。

🦋 | 繁殖 | 扦插繁殖容易存活，但是優良品種都是國外進口的種苗，有登記品種權利，所以不適合自行繁殖。

1 買盆栽

葉片完整、分布均整

到花市挑選植株健康、苞片、葉片完好的盆栽。

2 套盆

搭配比例相當的盆器

直接使用套盆或換盆的方式來美化盆栽都可以，套盆操作不用沾泥帶土，較為輕鬆簡便。

3 澆水

乾透了再澆

水分直接澆淋在培養土上，苞片沾水會殘留水漬，影響美觀甚鉅。

4 施肥

施加長效肥料

盆栽如果只是年節應景欣賞就不用施肥。如果有繼續栽培的打算，可以在苞片都凋謝後，配合修剪作業施用長效性肥料，一季施用一次，5寸盆一次加1/2匙；7寸盆一次加1小匙。

5 修剪

花期後大修剪

苞片都凋謝後，剪掉枝條僅留底下10～15公分的莖，讓枝條重新生長發育。

6 長新芽

大約三週之後

修剪完，大約三個星期就會開始陸續發新芽。

越開越美麗TIPS

光線強弱影響觀賞期。光線足，苞片色澤美麗，可以持久不凋。光線暗，苞片易褪色凋謝。適量澆水可以讓植株正常生長，太潮濕反而造成大量落葉，讓莖部光禿禿的很難看。

〇 挑選苞片中間真正的花（豆豆部分）
　還沒凋謝的植株

✕ 不要挑選苞片變色、不完全的植株

✕ 黃化　　　　正常

注意葉片有無黃化

〇 挑選葉片均整、挺立的植株

POINT❶ 苞片越多越好，感覺要肥厚。

POINT❷ 葉片顏色要均整，不要有褪色情形。

POINT❸ 葉片要挺，萎軟就表示可能有缺水或爛根情形。

POINT❹ 挑選中心的圓形花朵還在成形中的，若花朵已變黑或掉落，就表示老化。

POINT❺ 5寸盆栽至少要有3個以上的花序。

🛍 **購買情報** | 5～7寸盆栽參考售價約200～300元。

⒬Ⓐ 疑難雜症諮詢室

Q1 盆栽聖誕紅放在冷氣房辦公室要如何照顧？

A1 讓培養土稍乾才澆水，可以使植株生長遲緩，讓觀賞期延長。避免空調的風直接吹襲苞片，就不會很快有皺縮、褪色的現象。

Q2 請問聖誕紅的生命是不是很短，為什麼剛買回家時很漂亮，但是沒幾天就開始落葉呢？

A2 除了玫瑰聖誕紅具有少許的耐陰性外，大部分品種都需要室外足夠的光線，光線不夠會掉葉子，而且會有些褪色或略顯沒精神。

Q3 如果要讓聖誕紅繼續栽培下去，想來年繼續開花該怎麼做？

A3 聖誕紅盆栽如果有持續栽培的計畫，觀賞期就要一直擺放在光線充足處，讓植株一直在正常生長的狀態。苞片凋謝後，將全部枝條剪掉剩下5～10公分枝，同時施用肥料，以供應新枝生長所需的養分。此時時序已接近夏季，除了日常的澆水維護之外，要預防強風與病蟲害所造成的傷害。成長到秋季後，植株成熟，且莖頂已因白天變短開始進行花芽分化，可以施用液體肥料促進生長。到了冬季就可以欣賞花朵了。

你會發現，辛苦一年所栽培的成果，和從花市買回來的聖誕紅品質相差很多。因為聖誕紅是一種需要高度生產栽培技術的盆花，這是業餘栽培很難達到的水準，所以建議聖誕紅每年還是買新的觀賞就好，消費者只要讓觀賞期可以延續就行了，不必費心自己栽培。

讓人一眼就愛上的繡球花
洋繡球

特徵

- 繡球花是中國、日本等地的傳統花卉，野生種看起來像一圈花圍繞著花蕊的形象，這圈花恰巧算起來大多是八朵花，所以古代稱它為「八仙花」，也雅稱為「蝴蝶戲珠花」。

- 從12月起開始上市，但是天然開花期是每年4～5月的梅雨季，受到雨水的滋潤，花朵開得更嬌艷。現在盛行的品種是歐洲採集中國和日本品種雜交後產生的，所以稱為「洋繡球」。

- 橢圓形的大葉片，看起來很肥厚。花由枝條的頂端開出，近三、四十朵聚合成一朵大繡球。目前除了有粉紅、紫、白等不同花色外，還有鑲邊與條紋的新品種。因為象徵團圓與富貴，所以普遍受到歡迎，是春季重要的盆花與庭院花木之一。

DATA
英　名	Hydrangea
學　名	*Hydrangea macrophylla*
別　名	繡球花、八仙花、紫陽花
分　類	落葉灌木
科　名	八仙花科
原產地	東亞
花　期	約每年12月至5月

綠手指小百科

- ☼ | **日照** | 半日照即可正常生長，夏季強光會讓葉片曬傷。但最好不要在還有花苞未開的時候就放在室內，因為太陰暗會容易讓花苞壞損。

- ● | **水分** | 水分需求大，一旦失水後會造成花朵迅速凋萎，必須要經常留意補充水分。

- ✿ | **施肥** | 開花期間不要施加花肥。需要一季施加一次長效肥料。

- ✄ | **修剪** | 花朵凋謝後可進行強剪，將枝條對半剪能刺激由底部萌發新枝，來年開花更旺。

- ❦ | **繁殖** | 可以利用扦插繁殖，適合在花朵凋謝新枝萌發後，剪健壯的新枝進行。發根最佳的溫度約為20℃，約3～4週可發根。但是發根後隨即遭遇夏季高溫期，生長發育受阻。所以專業生產的農民，都是在中高海拔山區進行繁殖培育。

最適合慶典裝飾的熱門花卉

盆菊

特徵

◉ 菊花是中國傳統花卉之一，不論是盆栽或切花都有很高的產量。傳統的品種可依花徑大小分類，尤其是大花品種，雍容華貴的花形，常用於慶典裝飾用，又因為有延年益壽的象徵，便將此種大菊稱為「壽菊」，年節時最適合送給長輩。現在也引進許多植株低矮、開花繁密的盆花品種，因為品種多源自歐美，所以概稱為「洋菊」，豐盛的花朵有圓滿如意、大吉大利的吉祥寓意，所以在春節期間很受歡迎。

◉ 花形、花色變化很多，花市常見就有十餘種。菊花的觀賞壽命很長，一朵花可以維持兩週，一盆內又有許多花苞會持續開放，所以每盆都能有2～3個月的觀賞期。屬多年生植物，開花後會重新發芽生長，來年還會繼續開花。

DATA

英 名：Pot mum
　　　　Pot Chrysanthemum
學 名：*Dendranthema grandiflorum*
科 名：菊科
分 類：多年生草本
原產地：中國
花 期：約每年10月至隔年4月

綠手指小百科

☼ | **日照** | 必須在全日照環境下生長。

💧 | **水分** | 菊花有怕潮濕的特性，所以要等培養土表面乾了之後再一次澆透。

🐛 | **施肥** | 大花品種在開花期不需要施肥，多花品種可以兩週施加一次液體開花肥。花期過後配合強剪作業可施加一次長效性肥料。

✂ | **修剪** | 大花品種花凋謝後，將花連莖部2/3高度剪除，可以刺激基部萌生新枝生長發育。多花品種要將已凋謝的花剪掉，讓後開的花有地方綻放。多花品種開花後繼續栽培，可以修剪枯枝與生長太密的枝條。

❧ | **繁殖** | 扦插繁殖容易，分枝多的品種也可以用分株法繁殖。

DATA

英　名：Kalanchoe
學　名：*Kalanchoe blossfeldiana*
分　類：多年生草本
科　名：景天科
原產地：馬達加斯加島
花　期：約每年11月至隔年5月

🌱生命力強健的長壽小花

長壽花

特徵

◉ 顧名思義，長壽花的花朵壽命很長，一朵花可以維持三週到一個月的觀賞期，而且生長極強健、栽種容易，很適合作為居家觀賞花卉。

◉ 因為原產地氣候乾燥，所以莖葉演化成可以儲藏水分，屬於「多肉植物」的一種。氣候炎熱的時候會以休眠的方式度過，所以栽培時遇到夏天，植株會緊縮且生長停滯。它和聖誕紅一樣是標準的短日照植物，當氣候入秋，白天短夜間長時，就會開始花芽分化，在冬季開花。

◉ 花色是濃豔的紅、橘、黃、紫紅等，近年也引進淡粉色系的品種，目前還出現重瓣品種，花形像玫瑰花一樣，對於愛花者可是一大福音。適合盆栽或花壇種植，高莖的品種還可以剪下當切花使用。

綠手指小百科

☀ | **日照** | 生長發育需要全日照，花朵盛開才可以移入室內欣賞。

💧 | **水分** | 耐旱性強，最忌培養土排水不良。平時澆水要等培養土完全乾燥後才進行，盛夏澆水間隔還可以再延長。

🐛 | **施肥** | 只要一季施加一次長效肥料即可，夏季期間不用加。

🌱 | **繁殖** | 扦插繁殖，種花新手也很容易成功。

麒麟花

特徵

- 麒麟花在台灣的俗語裡有個很可愛的名字叫「刺仔花」，因為鐵黑色的莖枝上開著像秋海棠花形的花朵，所以在中國大陸也叫作「鐵海棠」。

- 屬於多肉植物的麒麟花是栽培很普遍的花，因為耐旱性特強，不需費心照顧，也能在四季開出紅豔的花朵。而且有刺的特徵，被常常種植來阻隔野生貓狗破壞花圃與防盜用。

- 莖枝裡有乳汁，枝條上長滿棘刺，葉片呈倒卵形，一朵花有兩枚苞片，花市最常看到紅色品種，白色和黃色較少見，最新的品種是花朵有斑紋的泰國大花品種，可看性提升不少。

DATA

英　名	Crown of thorns
學　名	*Euphorbia milii*
別　名	花麒麟、刺仔花、鐵海棠
分　類	常綠灌木
科　名	大戟科
原產地	馬達加斯加島
花　期	全年開花

綠手指小百科

- ☼ | **日照** | 全日照才會開花旺盛，半日照花朵較稀疏。
- ◐ | **水分** | 耐旱性強，可以等培養土完全乾了，才一次澆透。能夠恆常的澆水，會長得較茂盛，如果長期缺水則會有落葉現象。
- ✿ | **施肥** | 一季施用一次長效性肥料即可。
- ❧ | **繁殖** | 插枝繁殖，成功率極高。

七彩的太陽花

非洲菊

DATA

英　名：Gerbera、African Daisy
學　名：*Gerbera jamesonii*
別　名：太陽花、佳寶菊
分　類：多年生草本
科　名：菊科
原產地：南非
花　期：全年開花

特徵

◉ 又名「太陽花」的非洲菊，就像是縮小版的彩色向日葵，四季都會開花。原本多供應切花使用，後來培育花莖較短、葉片較小的盆花品種，才成為受歡迎的四季盆花。

◉ 原產南非，喜好涼爽乾燥的氣候。叢生的葉片從短縮的莖上密集長出，全株都布滿細毛。長伸的花莖上開一朵碩大的菊花，花色豐富，最常見的是橘、黃、紅等花系。花形變化也很多，有單瓣、半重瓣、重瓣、細瓣等不同之處，因此不論是居家盆花或花藝設計時常可以看見非洲菊的演出。

綠手指小百科

☼ | **日照** | 全日照到半日照都能夠生長，盛夏不要讓陽光曝曬。久放室內光線不足，葉叢會變得鬆散而且不容易開花。

💧 | **水分** | 花朵澆到水很容易發霉，密生的葉片淋到水容易罹患病害，所以澆水必須撥開葉片，直接用長嘴壺澆到培養土內。

🐛 | **施肥** | 三個月施一次長效肥料，每兩週施一次液體開花肥（使用比例參考 P.29 **注1**）。

🌱 | **繁殖** | 採用分株繁殖，很容易操作且存活率高。

鼓鼓像氣球的可愛花卉
荷包花

DATA

英　名	Pocketbook flower
學　名	*Calceolaria × herbeohybrida*
別　名	蒲包花、元寶花
分　類	一年生草本
科　名	玄參科
原產地	園藝雜交種
花　期	約每年12月至3月

特徵

◉ 荷包花顧名思義就是它的花形長得像鼓鼓的「荷包」，開花時一個個飽滿像氣球的花朵，真是可愛極了，相信看到的人都會忍不住想捏捏它，不過捏下去可是會癟掉的。

◉ 荷包花在原產地是多年生草本，但是園藝栽培都是當一年生植物使用。因為喜好冷涼，所以只有在過年前後看得到它。此外，名字聽起來很吉祥，有錢財裝滿荷包的寓意，所以過年時特別討喜。

◉ 花色是橘黃色系，有很濃接近咖啡色的品種，也有鵝黃色品種，除了單色的之外，還有花朵上有斑點的品種。

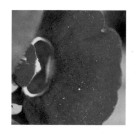   

綠手指小百科

☼｜**日照**｜半日照或全日照皆可，若買回來時花朵已盛開，便可放在室內觀賞。如果有花還沒開，就請先放在照得到陽光的位置養護。

💧｜**水分**｜可以掂掂盆子的重量，如果變輕了就澆水。

🐛｜**施肥**｜開花期是生長的最高峰，之後就會走下坡而逐漸萎凋，因此沒有施肥的需要。

🌱｜**繁殖**｜使用播種法繁殖，因為喜好冷涼環境，但是繁殖在夏末秋初時，天氣還很炎熱，因此成長階段照顧起來會較困難，專業生產都是在山區進行，不建議自行繁殖。

DATA
英　名：Tulip
學　名：*Tulipa* hybr.
分　類：球根花卉
科　名：百合科
原產地：地中海沿岸至中亞
花　期：約每年12月至隔年3月

🌱 最具人氣與古典美的冬季花卉

鬱金香

特徵

◉ 鬱金香，一個令人充滿遐想的名字。不論是荷蘭的花海景觀與風車，或是斟滿美酒的鬱金香杯，鬱金香似乎就是一個造型優雅的美麗象徵。鬱金香是在14～15世紀經土耳其傳到歐洲才開始栽培，因為花色、花形的變化萬端，掀起了當時荷蘭人的瘋狂熱愛，甚至造成國家經濟與治安的動盪。

◉ 最具代表性的球根花卉，只要種下像小洋蔥的球根，無不滿心期盼它生長開花。全世界品種超過六千種。喜好冷涼氣候，為供應春節與情人節所需，多在春季以種成盆栽的方式上市。

◉ 依照花形特徵，可分為單瓣、重瓣，花瓣邊緣有平滑、波浪、流蘇等變化。而在花色上除了藍色之外更是備齊了所有的顏色，單色大方、複色絢麗，還有許多奇特的斑紋變化。鮮豔的花色、迷人的花形，再搭配青翠柔美的葉片，難怪鬱金香至今仍深受全世界的歡迎。

綠手指小百科

- ☼ │ **日照** │ 種下球根後必須在全日照環境栽培，等到開花才可以移入室內欣賞。
- 💧 │ **水分** │ 培養土表面都乾了，再一次澆透。
- 🐛 │ **施肥** │ 球根已蘊含生長開花所需要的養分，所以不需要再施加任何肥料了。
- 🌿 │ **繁殖** │ 使用分球繁殖法，但是台灣氣候不適合子球生長發育，因此不建議自行繁殖。

DATA

英　名：Christmas Cactus
　　　　Easter cactus

學　名：*Schlumbergera* hybr.

別　名：蟹爪仙人掌、蟹爪花

分　類：多年生草本

科　名：仙人掌科

原產地：巴西

花　期：約每年12月至隔年4月

🌱 陽光下花色晶瑩剔透的吊盆植物

螃蟹蘭

特徵

◉ 螃蟹蘭因為名字裡有個「蘭」字，常被誤以為它是蘭花，但其實它真正的身分是「仙人掌」的一員，又因為扁平的莖很像螃蟹腳，所以又稱作「蟹爪仙人掌」。

◉ 依照品系可以分為12～2月開的品種，莖的邊緣是尖銳的鋸齒狀，花朵是歪斜形，因為開花期在聖誕節時，所以又稱為「聖誕節仙人掌」；2～4月開的品種，莖的邊緣是圓潤的鋸齒狀，花朵是放射對稱形，開花時逢復活節，所以稱為「復活節仙人掌」。

◉ 最常種植成吊盆的螃蟹蘭，可摻雜數種花色的混植或種成多層次的吊盆。花從莖的最末端開出，有桃紅、粉紅、紫紅等顏色，花瓣的質感像很薄的絲緞。盛開時，像一隻隻展翅的彩雀迎風欲飛。

綠手指小百科

☼ | **日照** | 原本生長在森林內，所以只需要半日照即可成長開花，全日照曝曬會讓莖變黃，嚴重甚至會成為紅褐色。

💧 | **水分** | 喜好潮濕的環境，但根部很怕浸水，所以澆水要等培養土乾了之後再一次澆透。

🐢 | **施肥** | 根系纖弱，不耐濃肥。每月施用淡薄的液體肥料。

🌱 | **繁殖** | 扦插繁殖，操作很簡單。

選購盆栽大訣竅 ────────────

POINT❶ 挑選莖繁密的盆栽，而且莖要厚實、飽滿。

POINT❷ 因為薄嫩的花瓣很容易折損，所以儘量選擇都是花苞的盆栽。

🛍 **購買情報** | 5寸盆栽參考售價約150～200元。

◯ 花苞越多越好

◯ 莖要厚實

 疑難雜症諮詢室

Q1 我的螃蟹蘭一直都有長出新的葉子，最近也有長出花苞，可是為什麼等花苞稍微大一些，花苞就一個個的掉了？

A1 花苞會掉落有幾個可能的原因，一是把它換了位置，因為環境突然改變而適應不良；二是施肥時間不對，尤其是長花苞與開花期施肥，會讓敏感的螃蟹蘭的花凋謝；三是澆水太勤，讓根受傷了，爛的根無法吸水時，最需要水分的花苞當然跟著掉落。

Q2 我插枝繁殖的螃蟹蘭都發根了，接下來要怎麼辦呢？

A2 發根之後同時是新芽的發育，這時可以一個月施一次稀薄的液體肥料，以加速生長，等到莖長到4～5節時，可以將最後一節摘掉，如此可以促進末端萌發更多的枝，這麼一來，這盆螃蟹蘭將會長得更茂密。

Part 3

小觀念大學問

Pot Flower Planting Guide

養花的訣竅，

以及正確的養護知識，

是決定能不能延長開花時間的重要關鍵，

養活一盆花其實並不難，

用對的方法好好照顧你的花，

花市裡的花，

一樣可以在你家開得又美、又豔麗。

9關鍵 決定你家能不能 **Easy** 變花園！

Point **1** 植物，要選對

一、莖枝粗壯。表示植株成熟度高，養分足夠繼續供應開花使用。

二、葉片多。表示植株夠健康，當然也要注意葉片有沒有光澤，葉色有沒有變黃等。另外，對某些植物來說一個葉片就代表一個開花機會，所以葉片越多開花機會就越高（例如：火鶴、非洲菫等）。

三、花苞多。表示後續開花性強，儘量不要選已盛開的，以選擇未開花苞佔1/2以上的為優先，也可以注意下方有沒有剛冒出來的花莖，都會讓在家開花的時間變長。

Point **2** 運送，要小心

　　很多時候我們買了植物就匆匆地裝袋提走，建議你可以在挑選好適合的盆栽後，請店家幫你用報紙或透明套袋將花、葉包住，因為有許多植物的莖枝較脆，容易折斷，花也不耐擠壓，想要讓花市美麗的花運送到家時也一樣完好，就得要在這個小地方花點心思。

Point ❸ 檢查，要仔細

買好的盆栽，在運送過程中難免會有些碰撞，所以回去後記得要檢查植物的基部（也就是植株靠近土壤的位置）與土壤之間有沒有鬆。

如果有，可以拍打盆器外緣，或用手調整土壤間隙。因為基部鬆動會造成水分流失，也讓病害有機會侵襲根部或下方莖枝的健康。

Point ❹ 位置，要選對

請針對植物的需求，選擇陽台全日照、窗邊半日照，或者是室內八小時以上的燈光環境。因為大部分開花植物的鮮豔花色都是來自於光合作用的成果，光線不足夠時，最容易發生花朵褪色的情形，所以建議除了像火鶴、非洲菫等具有耐陰性的植物外，在花朵含苞的階段還是儘量放置在陽台不淋雨處成長，等盛開後，再移入室內做短期觀賞為佳。

當然也有些是很怕直射光線的植物，在擺放時也要特別留意，以免造成葉片曬傷。所以植物帶回家後，前一、兩週一定要多觀察它的成長狀況，判斷擺放的位置是否合適。

○ 正常花色

✕ 褪色後

適合位置

Point ❺ 施肥，要勤快

對於要施什麼肥，什麼時候施加，是很多人的疑問。簡單的說：施肥要先搞清楚植物花期的長短，如果是一年只有一次花期，而且花期短，那植物買回來後，就不需要施加花肥（磷肥），只要一季施加一次長效肥料即可。

如果是全年開花、一次花期長或是一次大量開花的植物，就每兩週施加一次花肥，同時一季施加一次長效肥料。

施加液體花肥

施加長效粒肥

台灣廣廈 國際出版集團
Taiwan Mansion International Group

國家圖書館出版品預行編目（CIP）資料

把花種漂亮的栽培密技全圖解：從選盆、施肥、修剪到繁殖，
25種開花植物輕鬆種，用盆花妝點居家生活！／陳坤燦著.
-- 初版. -- 新北市：蘋果屋, 2022.04
面；　公分
ISBN 978-626-95574-1-7（平裝）
1.CST: 盆栽　2.CST: 園藝學

435.11　　　　　　　　　　　　　　　111002947

蘋果屋
APPLE HOUSE

把花種漂亮的栽培密技全圖解
從選盆、施肥、修剪到繁殖，25種開花植物輕鬆種，用盆花妝點居家生活！
《把花種漂亮的超EASY完全圖鑑》暢銷新裝版

作　　　者／陳坤燦	編輯中心編輯長／張秀環
攝　　　影／廖家威	編輯／許秀妃
特 別 感 謝／陸莉娟老師 步驟示範	封面設計／何偉凱
協 助 拍 攝／台北花卉村·	內頁排版／菩薩蠻數位文化有限公司
青樺園藝	製版·印刷·裝訂／皇甫·皇甫·明和
場 地 提 供／室屋所舍計·張語真空間美術·	
大企國際室內設計有限公司·	
台北內湖路謝公館	

行企研發中心總監／陳冠蒨	線上學習中心總監／陳冠蒨
媒體公關組／陳柔尣	產品企製組／黃雅鈴
綜合業務組／何欣穎	

發 行 人／江媛珍
法 律 顧 問／第一國際法律事務所 余淑杏律師·北辰著作權事務所 蕭雄淋律師
出　　　版／蘋果屋
發　　　行／蘋果屋出版社有限公司
　　　　　　地址：新北市235中和區中山路二段359巷7號2樓
　　　　　　電話：（886）2-2225-5777·傳真：（886）2-2225-8052

代理印務·全球總經銷／知遠文化事業有限公司
　　　　　　地址：新北市222深坑區北深路三段155巷25號5樓
　　　　　　電話：（886）2-2664-8800·傳真：（886）2-2664-8801
郵 政 劃 撥／劃撥帳號：18836722
　　　　　　劃撥戶名：知遠文化事業有限公司（※單次購書金額未達1000元，請另付70元郵資。）

■出版日期：2022年04月
ISBN：978-626-95574-1-7